SITZUNGSBERICHTE DER SÄCHSISCHEN AKADEMIE
DER WISSENSCHAFTEN ZU LEIPZIG

Mathematisch-naturwissenschaftliche Klasse
Band 112 · Heft 4

FRIEDRICH WOLF · PETER FRÖHLICH

ZUR DRUCKABHÄNGIGKEIT VON IONENAUSTAUSCHREAKTIONEN

AKADEMIE-VERLAG · BERLIN
1977

SITZUNGSBERICHTE DER SÄCHSISCHEN AKADEMIE
DER WISSENSCHAFTEN ZU LEIPZIG

Mathematisch-naturwissenschaftliche Klasse
Band 112 · Heft 4

FRIEDRICH WOLF · PETER FRÖHLICH

ZUR DRUCKABHÄNGIGKEIT VON IONENAUSTAUSCHREAKTIONEN

Mit 6 Abbildungen und 1 Tabelle

AKADEMIE-VERLAG · BERLIN
1977

Vorgetragen und Manuskript eingeliefert von Herrn Wolf
in der Sitzung vom 13. Juni 1975
Druckfertig erklärt am 4. Dezember 1976

Erschienen im Akademie-Verlag, 108 Berlin, Leipziger Straße 3–4

Lizenznummer: 202 · 100/542/77
Gesamtherstellung: VEB Druckhaus „Maxim Gorki“, 74 Altenburg
Bestellnummer: 762 399 3 (2027/112/4) · LSV 1215
Printed in GDR
DDR 2,– M

Einleitung

Die abstrakte Thermodynamik ermöglicht zwar eine exakte quantitative Beschreibung der Ionenaustauschgleichgewichte, gestattet aber keine physikalisch anschaulichen Aussagen über die Ursachen der unterschiedlichsten Phänomene der Selektivität von Ionenaustauschern gegenüber bestimmten Gegenionen. Zur Interpretation dieser Erscheinungen wurden deshalb verschiedene Modelle für organische Ionenaustauscherharze entwickelt, von denen die von GREGOR [1], LAZARE und GREGOR [2] sowie RICE und HARRIS [3] am bekanntesten geworden sind.

Derartige Modelle stellen nur eine gewisse Annäherung an die Realität dar, da sich sie auf ausgewählte Eigenschaften beschränken. Eine Übereinstimmung des Modells mit dem experimentellen Material ist nur dann zu erwarten, wenn das Modell auch die wesentlichen und bestimmenden Eigenschaften des jeweiligen Systems berücksichtigt.

Für das Verständnis unserer Untersuchungen über die Abhängigkeit der Ionenselektivität organischer Ionenaustauscherharze vom Druck ist deshalb das GREGOR-Modell am geeignetsten, da es den Zusammenhang zwischen Quelldruck und Ionenselektivität herstellt [1]:

$$RT \ln K_B{}^A = \pi(V_A - V_B). \tag{1}$$

Danach nimmt der Ionenselektivitäts-Koeffizient $K_B{}^A$ mit steigendem Quelldruck π zu und ist der Differenz der Volumina der solvatisierten Ionen A und B proportional.

Der Vernetzungsgrad einer Matrix beeinflußt deshalb nicht nur die mechanischen Eigenschaften des Austauschers, sondern auch seine Ionenselektivität. Letztere kann bei einer gegebenen Ionenaustauschreaktion (damit bei konstanter Differenz $V_A - V_B$) bekanntlich durch Erhöhung der Vernetzung der Matrix gesteigert werden, denn dies führt zu höheren Quelldrücken. Einer praktischen Anwendung dieses Sachverhaltes steht jedoch entgegen, daß dabei gleichzeitig die Ionenaustauschgeschwindigkeit erniedrigt wird. Dies hat z. B. auch einen hohen Regenerierungsmittelaufwand zur Folge.

Aus diesem Grunde haben wir nach Möglichkeiten gesucht, den Quelldruck ohne zusätzliche Vernetzung des Ionenaustauschers zu vergrößern, um auf diese Weise die Ionenselektivität desselben zu steigern.

Der Quelldruck

Organische Ionenaustauscherharze weisen auf Grund der in ihnen enthaltenen Festionen und Gegenionen einen osmotischen Druck auf, dem die elastischen Kräfte des polymeren Netzwerkes entgegenwirken.

Das Äquivalentvolumen eines gequollenen Austauschers ($\overline{V}_e$) ist durch das Gleichgewicht dieser Kräfte begrenzt und setzt sich nach PEPPER [4] aus dem Äquivalentvolumen des trockenen Austauschers ($\overline{V}_0$) und dem Äquivalentvolumen des Wassers im Austauscher ($\overline{V}_w$) zusammen:

$$\overline{V}_e = \overline{V}_0 + \overline{V}_w. \tag{2}$$

Zwischen $\overline{V}_e$ und dem Quelldruck π gilt für Ionenaustauscherharze auf Basis Styrol-Divinylbenzol folgende empirische Beziehung [5—7]:

$$\overline{V}_e = a\pi + \overline{V}_0'. \tag{3}$$

Der Quelldruck π ist gleich der Druckdifferenz zwischen der Austauscherphase ($\overline{p}$) und der Lösung (p_0):

$$\pi = \overline{p} - p_0. \tag{4}$$

Ein auf das gesamte System Ionenaustauscher/Lösung wirkender äußerer Druck würde diese Differenz nur gering beeinflussen. Wendet man jedoch einen äußeren Druck allein auf die Harzphase an, würde er in gleicher Weise wirken wie der Druck, der durch das elastische Gerüst (Matrix) des Austauschers hervorgerufen wird — d. h., der Quelldruck und damit die Ionenselektivität eines Ionenaustauscherharzes müßten bei Anwendung eines äußeren Druckes zunehmen.

Die in Gl. (3) enthaltenen Größen a und $\overline{V}_0'$ sind für jedes Austauscherharz charakteristische Konstanten. Die Konstante $\overline{V}_0'$ entspricht dem Äquivalentvolumen des Ionenaustauschers bei Extrapolation von $\overline{V}_e$ für einen Quelldruck $\pi \to 0$ und weicht merklich von dem pyknometrisch bestimmten Äquivalentvolumen $\overline{V}_0$ des trockenen Austauschers ab. Dies wird von BOYD und SOLDANO [5] damit erklärt, daß das Ionenaustauscherharz im trockenen Zustand einen negativen Quellungsdruck aufweist. Während die Konstanten a und $\overline{V}_0'$ vom Quellungsgrad und von der Art der Ionenbeladung praktisch unabhängig sind und $\overline{V}_0'$ lediglich eine Funktion der Kapazität des Austauscherharzes ist, verändert sich a mit dem Vernetzungsgrad. Diese Konstante ist deshalb ebenfalls zur Überprüfung unserer Hypothese geeignet: Wenn ein mechanischer Druck auf das polymere Netzwerk bezüglich der Selektivität des Ionenaustauschers die gleiche Wirkung haben soll wie eine zunehmende Vernetzung, so muß a ebenfalls druckabhängig sein.

Wir haben deshalb neben dem funktionellen Zusammenhang zwischen einem äußeren Druck und dem Quelldruck auch den zwischen äußerem Druck und der Konstante a sowie zwischen Druck und Ionenselektivität untersucht.

Der Quelldruck eines Ionenaustauscherharzes ist nicht ohne weiteres direkt meßbar. Das bisher geeignetste Verfahren zu seiner Bestimmung wurde von BOYD und SOLDANO [5] ausgearbeitet und beruht auf isopiestischen Vergleichsmessungen der Quellung unterschiedlich vernetzter Ionenaustauscherharze unter vorgegebenen Wasserdampfpartialdrücken. Unter der Voraussetzung, daß das partielle molare Volumen des Wassers in der Harzphase $\overline{V}_w$ unabhängig vom Quelldruck ist, beträgt das chemische Potential des Wassers μ_w im Austauscher

$$\bar{\mu}_w = \mu_w{}^0 + RT \ln \bar{a}_w + (\bar{p} - p_0) \overline{V}_w. \tag{5}$$

Hierbei ist $\bar{\mu}_w{}^0$ das chemische Standardpotential des Wassers in der Harzphase und $\bar{a}_w$ dessen Aktivität. Im Gleichgewichtszustand ist das chemische Potential des Wassers im Ionenaustauscher gleich dem des Wassers μ_w in der Gasphase, die bei einem Gesamtdruck p Wasser mit dem Partialdruck p_w enthält:

$$\mu_w = \mu_w{}^0 + RT \ln (p_{w/p}). \tag{6}$$

Aus den Gleichungen (4), (5) und (6) erhält man somit

$$RT \ln (p_{w/p}) = RT \ln \bar{a}_w + \pi \overline{V}_w. \tag{7}$$

Für einen anderen Austauscher gleichen Typs — d. h. gleicher Struktur, Beladung und Kapazität, aber anderer Vernetzung — gilt analog

$$RT \ln (p'_{w/p}) = RT \ln \bar{a}_w' + \pi' \overline{V}_w. \tag{8}$$

Bei gleichem Gesamtdruck in der Gasphase und gleichen Wassergehalten folgt aus den Gleichungen (7) und (8)

$$RT \ln (p_{w/p_w'}) = (\pi - \pi') \overline{V}_w. \tag{9}$$

Mit der Näherung, daß das partielle molare Volumen des Wassers in der Harzphase gleich dem molaren Wasservolumen ist, kann mit Gleichung (9) aus Wassersorptionsisothermen eine vergleichende Berechnung des Quelldruckes von Ionenaustauscherharzen durchgeführt werden. Zur Normierung wird ein hypothetisches Ionenaustauscherharz benutzt, das nicht vernetzt ist und dessen Quelldruck $\pi = 0$ ist. Die Wasseraufnahme dieses Harzes wird durch Extrapolation erhalten.

Experimentelles

Das verwendete Ionenaustauscherharz war ein sulfoniertes, perlförmiges Styrol-Divinylbenzol-Copolymerisat in der H^+-Form mit einem Vernetzungsgrad von 8% *DVB* (Divinylbenzol) und einer Ionenaustauschkapazität von 4,53 mval/g Trockensubstanz.

Das pyknometrisch in Toluol bestimmte Äquivalentvolumen des trockenen Austauschers ($\overline{V}_0$) betrug 154 ml/val, und das pyknometrisch in Wasser bestimmte Äquivalentvolumen des vollständigen gequollenen Austauschers betrug 352 ml/val. Von diesem Ionenaustauscherharz wurden Wassersorptionsisothermen bei relativen Wasserdampfpartialdrücken von $0{,}3 < p_{w/p_w^0} < 1$ (p_w^0: Wasserdampfpartialdruck des reinen Wassers; p_w: Wasserdampfpartialdruck gesättigter Salzlösungen) in einem Vakuumexsikkator bei 20 °C ermittelt. Dabei befand sich das Ionenaustauscherharz in einem mit feinen Bohrungen versehenen Druckgefäß. Der mechanische Druck auf das polymere Netzwerk des Ionenaustauschers wurde dadurch erzielt, daß verschiedene Mengen des trockenen Ionenaustauscherharzes im Druckgefäß quellen gelassen wurden. Für die Versuche unter mechanischer Druckeinwirkung erfolgte die Quellung des Austauscherharzes vorrangig nur bei einem relativen Wasserdampfpartialdruck $(p_w/p_w^0) = 1$.

Nach der Aufnahme von Sorptionsisothermen wurden die gleichen Proben im Druckgefäß zur Bestimmung von Selektivitätskoeffizienten der Ionenaustauschreaktion des wasserstoffionenbeladenen Harzes mit Cu^{2+}- und Fe^{3+}-Ionen eingesetzt. Dazu wurden zunächst die Ionenaustauschisothermen experimentell ermittelt und nach

$$K_{H^+}^{Me^{n+}} = \frac{\overline{\gamma}_{Me^{n+}} \cdot \gamma_{H^+}}{\overline{\gamma}_{H^+} \cdot \gamma_{Me^{n+}}} \tag{10}$$

die Selektivitätskoeffizienten berechnet. Hierbei stellen $\overline{\gamma}$ die Äquivalentanteile in der Harzphase und γ die entsprechenden Äquivalentanteile in der Lösung dar.

Ergebnisse

In der Abb. 1 sind Wassersorptionsisothermen am stark sauren, SO_3-Gruppen aufweisenden Styrol-*DVB*-Polymerisationsharz Wofatit KPS bei 20 °C dargestellt. Dabei zeigt die Isotherme 1 die Wasseraufnahme des frei quellenden Harzes in Abhängigkeit vom reduzierten Wasserdampfpartialdruck, während die Isothermen 2 und 3 diesen Zusammenhang mit zunehmender Füllung des Druckgefäßes und damit bei zunehmend behinderter Quellung und steigendem äußerem Druck wiedergeben. Die Wasseraufnahme nimmt mit erhöhtem äußerem Druck ab; die Quellung des Harzes wird wie durch eine steigende Vernetzung vermindert.

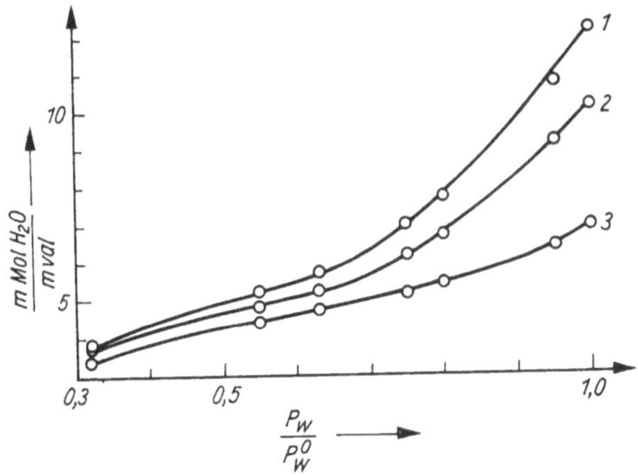

Abb. 1: Wassersorptionsisothermen (20 °C) an frei quellendem Wofatit KPS (Isotherme 1) und an unter zunehmendem Druck quellenden Harzen (Isothermen 2 und 3)

Nach Gleichung (9) ergeben sich aus diesen Wassersorptionsisothermen bei $p_w/p_w{}^0 = 1$, also aus der Wasseraufnahme der über reinem Wasser gequollenen Harze, Quelldrucke von 250 bzw. 550 atm, wenn für das frei quellende Harz ein Quelldruck von 150 atm (vgl. [5]) zugrunde gelegt wird.

In Abb. 2 ist eine weitere Wassersorptionsisotherme für das Ionenaustauscherharz Wofatit KPS (8% *DVB*) in der H^+-Form ohne mechanischen Druck und die Wasseraufnahme des gleichen Austauscherharzes unter Einwirkung eines mechanischen Druckes auf das polymere Netzwerk bei $(p_w/p_w{}^0) = 1$ dargestellt. Die Berechnung des Quelldruckes π für das Ionenaustauscherharz ohne äußeren Druckeinfluß erfolgte nach den Gleichungen

(2) und (3) mit Hilfe der von Boyd und Soldano [5] für den gleichen Austauschertyp experimentell bestimmten Konstanten a und $\overline{V}_0'$.

Mit $a = 0{,}807$ ml/val · atm und $\overline{V}_0' = 192$ ml/val erhält man mit diesen Beziehungen für das Ionenaustauscherharz ohne äußeren Druck einen Quelldruck $\pi = 198$ atm.

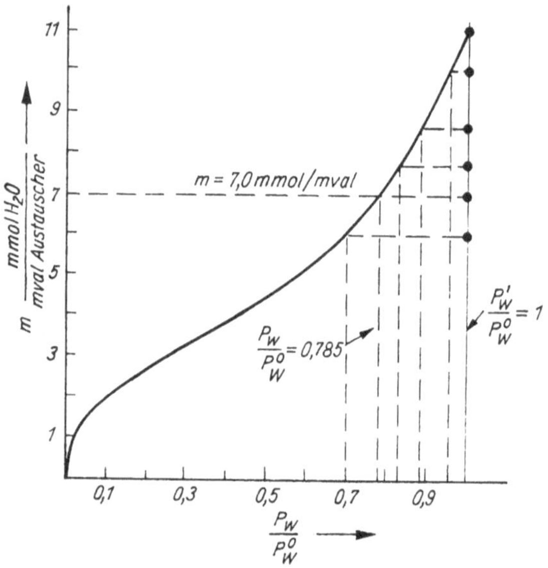

Abb. 2: Wassersorptionsisotherme für das Ionenaustauscherharz Wofatit KPS in der H^+-Form ohne mechanischen Druck und Wasseraufnahme des gleichen Austauscherharzes unter Einwirkung eines mechanischen Druckes auf das polymere Netzwerk bei $p_w/p_w^0 = 1$

Mit diesem Wert können die Quelldrücke der unter äußerem mechanischem Druck gequollenen Ionenaustauscherharze berechnet werden.

Wie aus Tab. 1 zu ersehen ist, steigt bei einer Verringerung der Wasseraufnahme m_w von 11,01 auf 6,04 m mol Wasser/m val Austauscherharz der Quelldruck im Austauscher von 198 auf 581 atm an. Der funktionelle Zusammenhang zwischen dem Quelldruck π und der Konstante a wurde nach Gleichung (3) berechnet und ist ebenfalls in Tab. 1 enthalten.

Bei Kationenaustauscherharzen auf Styrol-*DVB*-Basis besteht zwischen Quelldruck und Vernetzungsgrad (in % *DVB*) eine nahezu lineare Beziehung. Von Boyd [5] und Gregor [8] mitgeteilte Werte für die Beladung mit H^+-Ionen enthält Abb. 3. Sie zeigt, daß eine lineare Beziehung auch

Tabelle 1

Wasseraufnahme m_w bei der Quellung des Ionenaustauscherharzes Wofatit KPS (8% DVB) in der H^+-Form unter Druck bei $p_w/p_w^0 = 1$

Wasseraufnahme m_w mmol/mval	π atm	a ml/val · atm
11,01	198	0,8
10,07	231	0,619
8,67	305	0 387
7.76	350	0,291
7,00	444	0,212
6,04	581	0,122

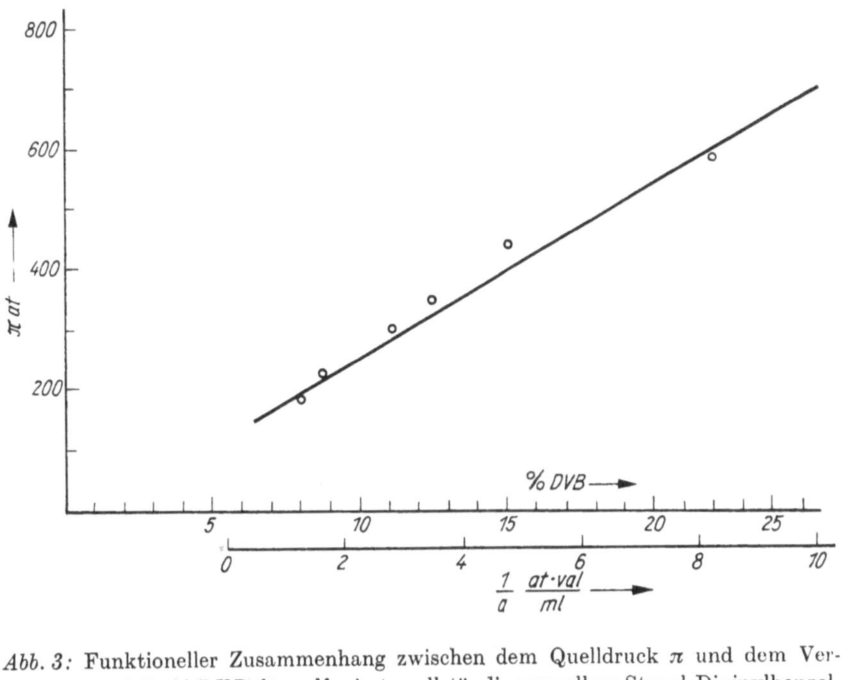

Abb. 3: Funktioneller Zusammenhang zwischen dem Quelldruck π und dem Vernetzungsgrad (in $\%$ DVB) für sulfonierte vollständig gequollene Styrol-Divinylbenzol-Copolymerisate in der H^+-Form nach Boyd und Gregor und dem Quelldruck π und 1/a für Wofatit KPS (8% DVB) in der H^+-Form bei $p_w/p_w^0 = 1$ bei mechanischem Druck auf das polymere Netzwerk des Austauscherharzes

zwischen dem Quelldruck und dem reziproken Wert der Größe a existiert. Aus diesem Zusammenhang ergibt sich, daß ein äußerer mechanischer Druck auf das polymere Netzwerk von Ionenaustauscherharzen sich im Quellungsgleichgewicht in gleicher Weise wie ein steigender Vernetzungsgrad auswirkt.

Dieser Wirkungsmechanismus gilt auch bezüglich der Ionenselektivität. Die Abb. 4 und 5 zeigen Ionenaustauschisothermen, die bei 20 °C und einer Totalkonzentration von 0,1 val/l für den Austausch von H^+- gegen Cu^{2+}-

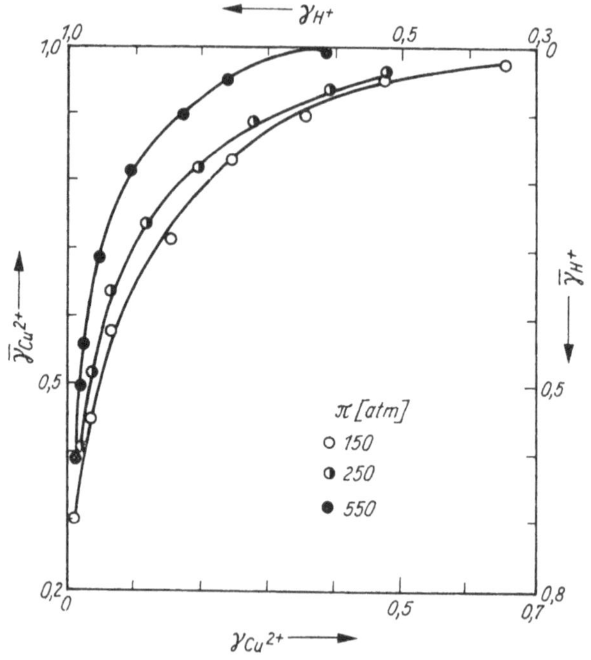

Abb. 4: Austauschisothermen von Cu^{2+} an Wofatit KPS (20 °C; 0,1 val/l) bei verschiedenen Quelldrücken

bzw. Fe^{3+}-Ionen erhalten wurden. Bereits aus diesen Darstellungen ist ersichtlich, daß mit zunehmendem äußerem und damit Quelldruck die Ionenselektivität von Wofatit KPS gegenüber Cu^{2+}- und Fe^{3+}-Ionen zunimmt.

Die nach Gleichung (10) berechneten und in Abb. 6 dargestellten Ionenselektivitätskoeffizienten zeigen dies eindeutig. Analoge Verhältnisse wurden von uns auch bezüglich der Erhöhung der Ionenselektivitätskoeffizienten für Ni^{++}- und Cr^{+++}-Ionen gefunden. Die Erhöhung der K-Werte kann

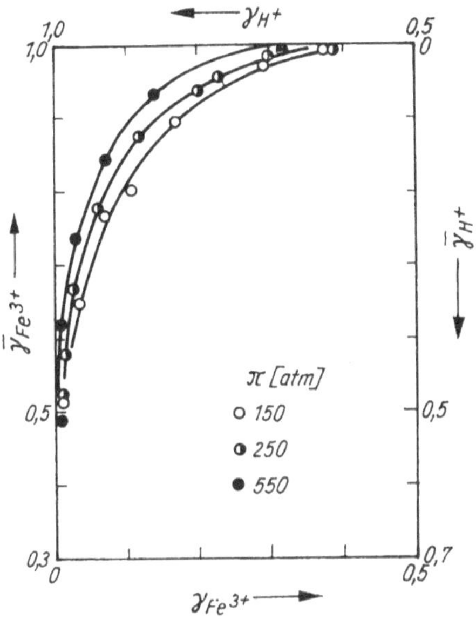

Abb. 5: Austauschisothermen von Fe^{3+} an Wofatit KPS (20 °C; 0,1 val/l) bei verschiedenen Quelldrücken

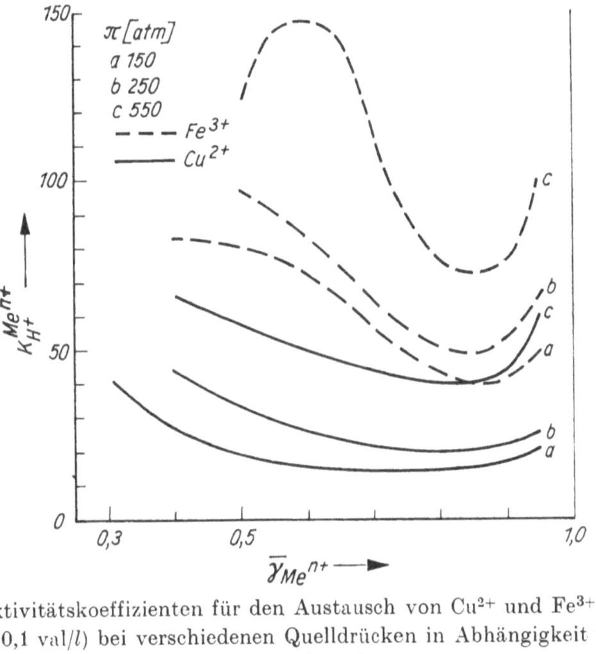

Abb. 6: Selektivitätskoeffizienten für den Austausch von Cu^{2+} und Fe^{3+} an Wofatit KPS (20 °C; 0,1 val/l) bei verschiedenen Quelldrücken in Abhängigkeit vom Ionenaustauschgrad

den Faktor 10 überschreiten gegenüber K-Werten, bei denen die Harzmatrix keinem zusätzlichen Druck ausgesetzt wurde. Auf dieser Basis lassen sich hochwirksame Ionentrenn-Prozesse oder Ionenabtrenn-Prozesse gestalten.

Im Falle von feinkörnigen Ionenaustauscherharzen (Powdex-Prozeß) genügt oft der hydrostatische Druck auf dem Anschwemmfilter, um die Harzmatrix zu komprimieren und die genannten Effekte hervorzurufen. Dies ist im Falle von Harzen normaler Korngröße (0,3—0,8 mm) nicht möglich.

Auf diese Weise wirkt sich ein äußerer Druck über einen erhöhten Quelldruck nicht nur auf das Quellverhalten, sondern auch auf die Ionenselektivität von Ionenaustauschern analog wie eine Erhöhung der Vernetzung der Harzmatrix aus. Wir konnten damit durch einen äußeren Druck einen *DVB*-Vernetzungsgrad von maximal 20% *DVB* „simulieren".

Unter anwendungstechnischen Gesichtspunkten wäre es vorteilhaft, die Ionenbeladung eines Harzes unter der Wirkung eines äußeren Druckes durchzuführen (erhöhte Ionenselektivitätskoeffizienten), während die Regenerierung drucklos erfolgt (kleinere Ionenselektivitätskoeffizienten bezüglich des aufgenommenen Ions sowie erhöhte Austauschgeschwindigkeiten und niedrigerer Regeneriermittelaufwand).

Literatur

[1] GREGOR, H. P.: J. Amer. chem. Soc. **70** (1948), 1293
[2] LAZARE, L., SUNDHEIM, B. R., GREGOR, H. P.: J. Physic. Chem. **60** (1956), 641
[3] RICE, S. A., HARRIS, F. E.: Z. physik. Chem. N. F., **8** (1956), 207
[4] PEPPER, K. W.: J. appl. Chem. **1** (1951), 124
[5] BOYD, G. E., SOLDANO, B. A.: Z. Elektrochem. **57** (1953), 162
[6] GREGOR, H. P.: J. Amer. chem. Soc. **73** (1951), 642
[7] GREGOR, H. P., GUTOFF, F., BREGMANN, J. J.: J. Colloid. Sci. **6** (1951), 245
[8] GREGOR, H. P., SUNDHEIM, B. R., HELD, K. M., WAXMANN, M. X.: J. Colloid. Sci. **7** (1952), 511

SITZUNGSBERICHTE DER SÄCHSISCHEN AKADEMIE DER WISSENSCHAFTEN ZU LEIPZIG

MATHEMATISCH-NATURWISSENSCHAFTLICHE KLASSE

Band 107

Heft 1 Prof. Dr. OTT-HEINRICH KELLER, Die Homologiegruppen der Flächen 3. Ordnung
1965. 15 Seiten – 8° – M 2,30

Heft 2 Prof. Dr. FRANZ RUNGE, Grignard und die nach ihm benannte Synthese
1966. 17 Seiten – 3 Abbildungen – 8° – M 2,30

Heft 3 Prof. Dr. KARL SCHMALFUSS, Zur Kenntnis der Bodenbildung
1966. 13 Seiten – 4 Tabellen – 8° – M 1,40

Heft 4 Dr. BODO RENSCHUCH, Verallgemeinerungen des Bezoutschen Satzes
1966. 41 Seiten – 8° – M 4,50

Heft 5 Prof. Dr. med. ROLF EMMRICH, Realität und Theorie des Alterns
1966. 20 Seiten – 9 Abbildungen – 8° – M 2,60

Heft 6 Prof. Dr. WILHELM MAIER, Nichteuklidische Volumina
1967. 20 Seiten – 16 Abbildungen – 8° – M 2,80

Heft 7 Dr. LOTHAR VON WOLFERSDORF, Zur Berechnung optimaler Strategien für Spiele über dem Einheitsquadrat mit an der Hauptdiagonalen unstetigen Auszahlungsfunktionen
1968. 53 Seiten – 8° – M 5,70

Band 108

Heft 1 Prof. Dr. PAUL GÖRLICH / Dipl. Phys. DETLEF GÜLDNER / Dr. HANS-JOACHIM POHL, „Elektronische Spektralmessung" mit steuerbaren Photovervielfachern
1967. 12 Seiten – 9 Abbildungen – 1 Tabelle – 8° – M 2,10

Heft 2 Prof. Dr. MANFRED GERSCH, Neuroendokrinologie der Insekten
1968. 33 Seiten – 12 Abbildungen – 1 Kunstdrucktafel – 8° – M 4,–

Heft 3 Prof. Dr. HASSO ESSBACH, Die Bedeutung der Morphologie in der Heilkunde
1968. 16 Seiten – 1 Textabb. – 13 Abb. auf 8 Kunstdrucktaf., davon 11 vierfarbig – 8° – M 12,80

Heft 4 Prof. Dr. OTT-HEINRICH KELLER, Über eine Definition von S. Lefschetz in der topologischen Schnittheorie
1969. 29 Seiten – 1 Abb. – 8° – M 4,20

Heft 5 Prof. Dr. WOLFGANG TUTSCHKE, Das Reziprozitätstheorem für eine Klasse pseudoholomorpher Funktionen mehrerer komplexer Variabler
1969. 19 Seiten – 8° – M 3,30

Heft 6 Prof. Dr. WALTER BREDNOW, Von Lavater zu Darwin
1969. 31 Seiten – 14 Abbildungen im Anhang – 8° – M 5,50

Heft 7 Prof. Dr. FRANZ RUNGE, Organische Disulfimide in Wissenschaft und Technik
1970. 24 Seiten – 2 Abbildungen – 8° – M 3,60

Band 109

Heft 1 Prof. Dr. ERICH RAMMLER, Über die Theorien der Braunkohlenbrikettentstehung
1970. 38 Seiten – 13 Abb., davon 2 auf 2 Tafeln – 8° – M 4,–

Heft 2 Prof. Dr. WOLFGANG TUTSCHKE, Stammfunktionen komplexwertiger Funktionen
1970. 20 Seiten – 8° – M 3,70

Heft 3 Dr. habil. GÜNTHER EISENREICH, Zur Syzygientheorie und Theorie des inversen Systems perfekter Ideale und Vektormodule in Polynomringen und Stellenringen
1970. 88 Seiten – 8° – M 10,80

Heft 4 Prof. Dr. med. ROLF EMMRICH, Hochdruck und Hyperlipidämie (Hypercholesterinämie) als Risikofaktoren für die Entstehung der Arteriosklerosen
1971. 23 Seiten – 10 Abbildungen – 4 Tabellen – 8° – M 3,90

Heft 5 Prof. Dr. HANS DRISCHEL, Biologische Rhythmen
1972. 57 Seiten – 31 Abbildungen – 1 Tabelle – 8° – M 6,60 (*vergriffen*)

Heft 6 Prof. Dr.-Ing. Dr. h. c. KURT SCHWABE, Konzentrierte Elektrolytlösungen – Thermodynamische und kinetische Eigenschaften
1972. 49 Seiten – 27 Abbildungen – 2 Tabellen – 8° – M 7,50

Heft 7 Prof. Dr. WOLFGANG TUTSCHKE, Konstruktion von globalen Lösungen mit vorgeschriebenen Singularitäten bei partiellen komplexen Differentialgleichungssystemen
1972. 24 Seiten – 8° – M 4,50

Band 110

Heft 1 Prof. Dr. Dr. h. c. PAUL GÖRLICH, Über die Laser und ihre Anwendung
1972. 24 Seiten — 8° — M 2,30 (*vergriffen*)

Heft 2 Prof. Dr. HASSO ESSBACH, Zum Problem der Tumoren im Kindesalter
1972. 24 Seiten — 11 Abbildungen auf 10 Kunstdrucktafeln — 8° — M 6,—

Heft 3 Prof. Dr. med. WALTER BREDNOW, Zur Anthropologie des Schwindels
1973. 17 Seiten — 2 Abbildungen auf 2 Kunstdrucktafeln — 8° — M 2,50

Heft 4 Prof. Dr. Dr. h. c. PAUL GÖRLICH, Betrachtungen über den Wissenschaftlichen Gerätebau
1972. 39 Seiten — 8° — M 3,—

Heft 5 Prof. Dr. ERICH RAMMLER, Einige Betrachtungen über Erdgas
1974. 43 Seiten — 8 Abbildungen — 3 Tabellen — 8° — M 4,50

Heft 6 Prof. Dr. GUSTAV E. R. SCHULZE, Zur Rolle des Einfachheitsprinzips im physikalischen Weltbild
1974. 23 Seiten — 4 Abbildungen — 8° — M 2,50

Heft 7 Prof. Dr. med. ROLF EMMRICH, Zwischen Leben und Tod. Ärztliche Probleme der Thanatologie
1974. 22 Seiten — 2 Abbildungen — 4 Tabellen — 8° — M 3,50

Band 111

Heft 1 Prof. Dr. WILHELM MAIER, Vom Erbe Bernhard Riemanns 1975. 16 Seiten — 8° — M 2,50

Heft 2 Prof. Dr. med. HANS DRISCHEL, Organismus und geophysikalische Umwelt
1975. 50 Seiten — 25 Abbildungen — 1 Tabelle — 8° — M 7,—

Heft 3 Prof. Dr. MARIA HASSE, Zum Begriff des allgemeinen Produkts von Kategorien
1975. 32 Seiten — 8° — M 5,—

Heft 4 Prof. Dr.-Ing. Dr. h. c. KURT SCHWABE, Analytische Probleme des Umweltschutzes
1975. 28 Seiten — 9 Abbildungen — 2 Tabellen — 8° — M 3,50

Heft 5 Prof. Dr. WOLFGANG BUCHHEIM, Die kopernikanische Wende und die Gravitation
1975. 36 Seiten — 2 Farbtafeln — 8° — M 5,—

Heft 6 Prof. Dr. HERMANN BERG, Photopolarographie und Photodynamie
1975. 19 Seiten — 2 Abbildungen — 2 Tabellen — 8° — M 3,—

Heft 7 Prof. Dr. MANFRED GERSCH, Probleme der Insektizide aus heutiger Sicht
1975. 36 Seiten — 9 Abbildungen — 2 Tabellen — 8° — M 4,—

Band 112

Heft 1 Prof. Dr. WALTER BREDNOW, Spiegel, Doppelspiegel und Spiegelungen — eine „wunderliche Symbolik" Goethes 1975. 28 Seiten — 4 Abbildungen — 8° — M 3,—

Heft 2 Prof. Dr. ARTUR LÖSCHE, Über negative absolute Temperaturen
1976. 26 Seiten — 12 Abbildungen — 8° — M 4,—

Heft 3 Prof. Dr. med. HERBERT JORDAN, Kurorttherapie: Prinzip und Probleme
1976. 31 Seiten — 10 Abbildungen — 8° — M 4,50

Heft 4 Prof. Dr. FRIEDRICH WOLF / Dr. PETER FRÖHLICH, Zur Druckabhängigkeit von Ionenaustauschreaktionen (*Vorliegendes Heft*)

Heft 5 Prof. Dr. DIETRICH UHLMANN, Möglichkeiten und Grenzen einer Regenerierung geschädigter Ökosysteme (*In Vorbereitung*)

Einzel- oder Fortsetzungsbestellungen durch eine Buchhandlung erbeten

Sitzungsberichte bis Band 106
durch das Zentralantiquariat der Deutschen Demokratischen Republik, Leipzig,
ab Band 107 durch den Akademie-Verlag, Berlin, zum Teil noch lieferbar

AKADEMIE-VERLAG
DDR - 108 Berlin, Leipziger Str. 3—4

FSC
www.fsc.org
MIX
Papier | Fördert gute Waldnutzung
FSC® C083411

Zeitfracht Medien GmbH
Ferdinand-Jühlke-Straße 7
99095 Erfurt, Deutschland
produktsicherheit@kolibri360.de